我的自然科学实践书

郭翔 著

目录

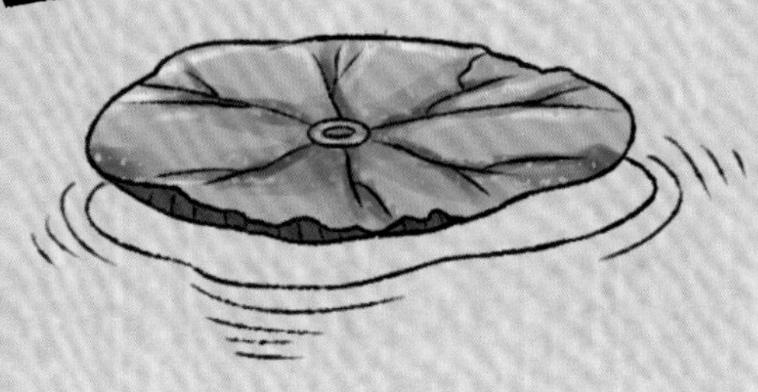

青蛙名片 4

池塘，我来了 6

晚餐时间 8

我爱大合唱 10

青蛙的恋爱日记 12

它需要一个家 14

走！带蛙卵回家 16

小蝌蚪出生了 18

吃！吃！吃！ 20

小蝌蚪的体检表	22
小蝌蚪，大变身	24
我家有蛙初长成	26
呀！变成了小蟾蜍	28
家里有只小蟾蜍	30
青蛙狂想曲	32
青蛙的家在哪儿	34
如果有危险……	36
尽职的父母	39
古老的青蛙崇拜	42
青蛙是我们的老师	44
青蛙是我们的朋友	46

春天的气息就像闹钟一样，准时唤醒了冬眠中的青蛙。它伸一伸懒腰，从草叶下面的泥穴里爬了出来——漫长的冬天终于结束了。外面的阳光暖暖地照着，它感觉舒服多了。

变温动物和恒温动物

生物学家将动物分成变温动物和恒温动物两种。在脊椎动物中，变温动物包括鱼类、两栖类和爬行类，而恒温动物则包括鸟类和哺乳类。两栖动物中的青蛙属于变温动物，它的体温和环境温度相近。而恒温动物的体温比较稳定，不受环境温度的影响。

???祖先是鱼

作为两栖动物，青蛙完美地适应了在陆地上和水中的不同生活。尤其是在它小的时候，作为蝌蚪，它没有腿，却都长着一条长尾巴，看起来就像一条鱼！有趣的是，科学家认为这些两栖动物的祖先可能就是鱼！有一种理论认为，大约在3.5亿年前，有一些强壮的肉食性鱼类登上陆地，逐渐演化成了拥有四条腿、可以在陆地上行走并呼吸空气的动物，它们成了最早的两栖动物。

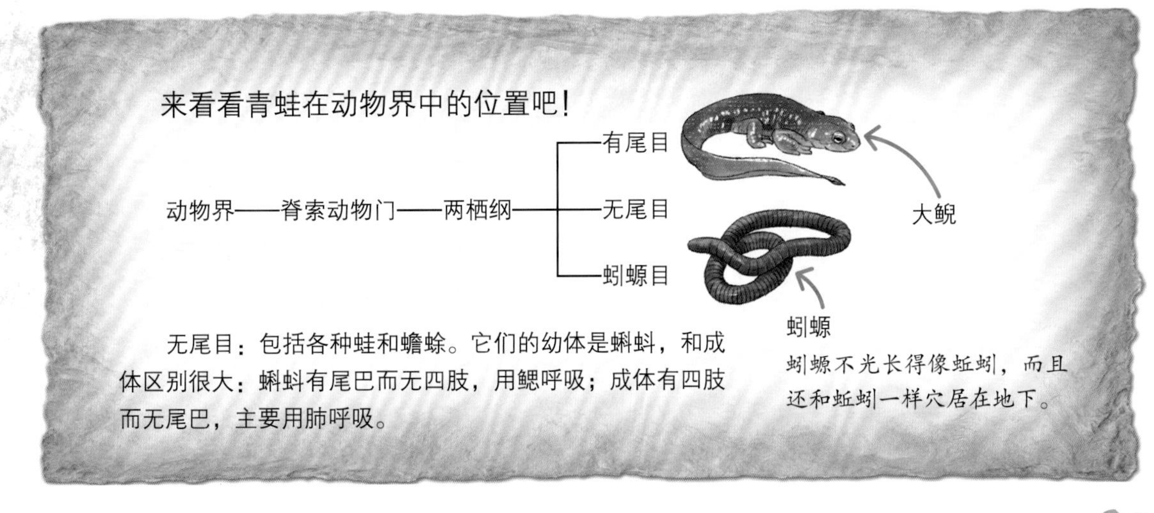

无尾目：包括各种蛙和蟾蜍。它们的幼体是蝌蚪，和成体区别很大：蝌蚪有尾巴而无四肢，用鳃呼吸；成体有四肢而无尾巴，主要用肺呼吸。

蚓螈不光长得像蚯蚓，而且还和蚯蚓一样穴居在地下。

池塘，我来了

池塘解冻了，睡了一冬的黑斑蛙急切地回到了水中。

“呱——呱——”水真凉啊！

青蛙也会变色！

青蛙有时是草绿色的，有时却是黄褐色的。这是为什么呢？原来，青蛙的皮肤里有很多色素细胞。与多数两栖类动物相似，青蛙的表皮层中主要是黑色素细胞。当黑色素细胞里的色素颗粒扩散时，它皮肤的颜色就会变深；当色素颗粒集中时，它皮肤的颜色就会变浅。

青蛙的后腿长而有力，有五根趾，趾间还连着一层膜，叫“蹼”，它可以帮助青蛙在水中游动。
青蛙的皮肤会呼吸！
青蛙主要靠肺呼吸，但是它的肺又小又弱，就像两只小气囊。一旦需要大量氧气，它就会力不从心了，这时就要靠皮肤来帮忙。青蛙的皮肤上分布着很多黏液腺，它们会分泌黏液，使皮肤保持湿润。湿润的皮肤可以溶解空气中的氧气，辅助青蛙呼吸。
有什么了不起？我们蚯蚓的皮肤也会呼吸！
我的皮肤也可以呼吸，只是微乎其微，还不到整个呼吸量的1%。

晚餐时间

“嗡嗡嗡”，一只苍蝇飞来了！青蛙的晚餐时间到了！

快看青蛙的舌头！好吧，也许你并没有看清楚，它的舌头是倒着长的，舌根长在嘴巴的前端，舌头伸向喉咙。青蛙的舌头又长又宽，上面粘满了黏黏的液体。苍蝇飞来的时候，青蛙一跃而起，张开大嘴，迅速将舌头翻出来，把苍蝇粘住，然后卷进嘴里。

青蛙看静的东西迟钝，看动的东西敏锐。这是因为它独特的视网膜结构：只有运动的物体才能在上面留下影像。

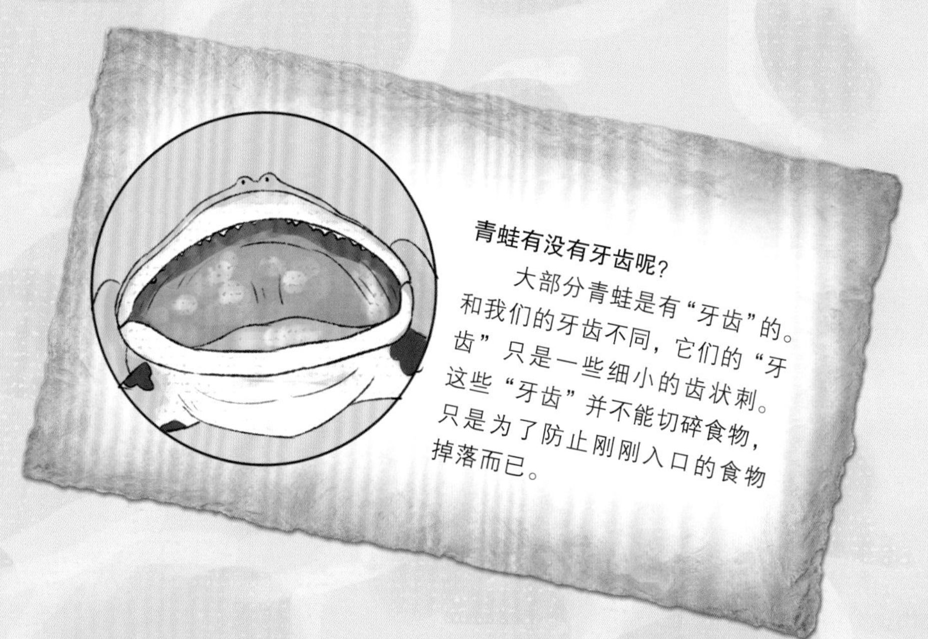
青蛙有没有牙齿呢？
大部分青蛙是有“牙齿”的。和我们的牙齿不同，它们的“牙齿”只是一些细小的齿状刺。这些“牙齿”并不能切碎食物，只是为了防止刚刚入口的食物掉落而已。

青蛙最爱吃昆虫

青蛙是杂食性动物，其中有 7% 的食物是植物，其余 93% 是动物。而在动物性食物中，昆虫又占了 80%。据统计，青蛙的“菜单”上最常出现的是金龟子、蝗虫和蜻蜓，其次还有苍蝇、蚊子。有时候，蜘蛛和蚯蚓也会成为青蛙的美餐。

青蛙的舌头长在口腔的前端，因此不能像我们一样，把食物推进肚子里。它在吞咽的时候，需要靠眼睛来帮忙。青蛙的眼球与口腔之间只隔着一层薄薄的膜，闭眼时，它的眼球就会缩进眼眶，挤压与口腔之间的薄膜，然后将食物挤进喉咙。所以，青蛙在吞咽的时候，总是紧紧地闭上眼睛。

我爱大合唱

“呱呱呱，雨后潮湿的空气让我的心情格外舒畅！”

“呱呱呱，我也是！”

从进化的角度来说，青蛙是第一种真正用声带来鸣叫的动物。

咦？青蛙的嘴巴怎么是闭着的？那么声音是从哪里发出来的呢？

和人一样，青蛙也是用喉咙里的声带发声的。当空气急速经过时，声带振动就会发出声音。除声带外，雄蛙在喉咙两侧还有一对外声囊，鸣叫时鼓起两个大气泡，使声音更加洪亮。雌蛙没有声囊，所以叫起来的声音远没有雄蛙洪亮。

???青蛙为什么要大合唱

每到繁殖季节，雄蛙们就会争先恐后地唱起情歌来吸引雌蛙的关注。相比独唱，青蛙们更喜欢大合唱！一方面，合唱可以使声音传播得更远，吸引更多的雌蛙前来交配；另一方面，众多青蛙聚在一起，一旦天敌出现，就可以及时发出警报，逃离危险！

青蛙的声囊分为两种：一种是长在身体里的内声囊，另一种是长在皮肤上的外声囊。外声囊鼓起的气泡非常明显，有的出现在嘴角的两边，有的出现在嘴巴的下面。

青蛙的恋爱日记

夏季来临的时候，雄蛙和雌蛙有了自己的宝宝。那段甜蜜的日子被它们记在了日记里。

卵宝宝出生啦！

雌蛙的卵子和雄蛙的精子相遇之后就变成了圆圆的蛙卵，这个过程叫作“受精”。像青蛙这样，精子和卵子在母亲体外结合的，就叫作“体外受精”。在动物中，很多鱼和两栖动物是体外受精。它们的受精过程通常发生在水里：精子被排在卵子上，并与之结合成受精卵。

和鸟类的卵不同，蛙和蟾蜍的卵没有外壳。为了防止卵失水变干，它们通常会把卵产在水中。不过，有些蛙的产卵方法与众不同，比如斑腿泛树蛙，它会在水边的树枝上产卵，然后将它们藏在一团白色的“泡沫”里。卵在里面变成蝌蚪后就掉进水中，继续生活。

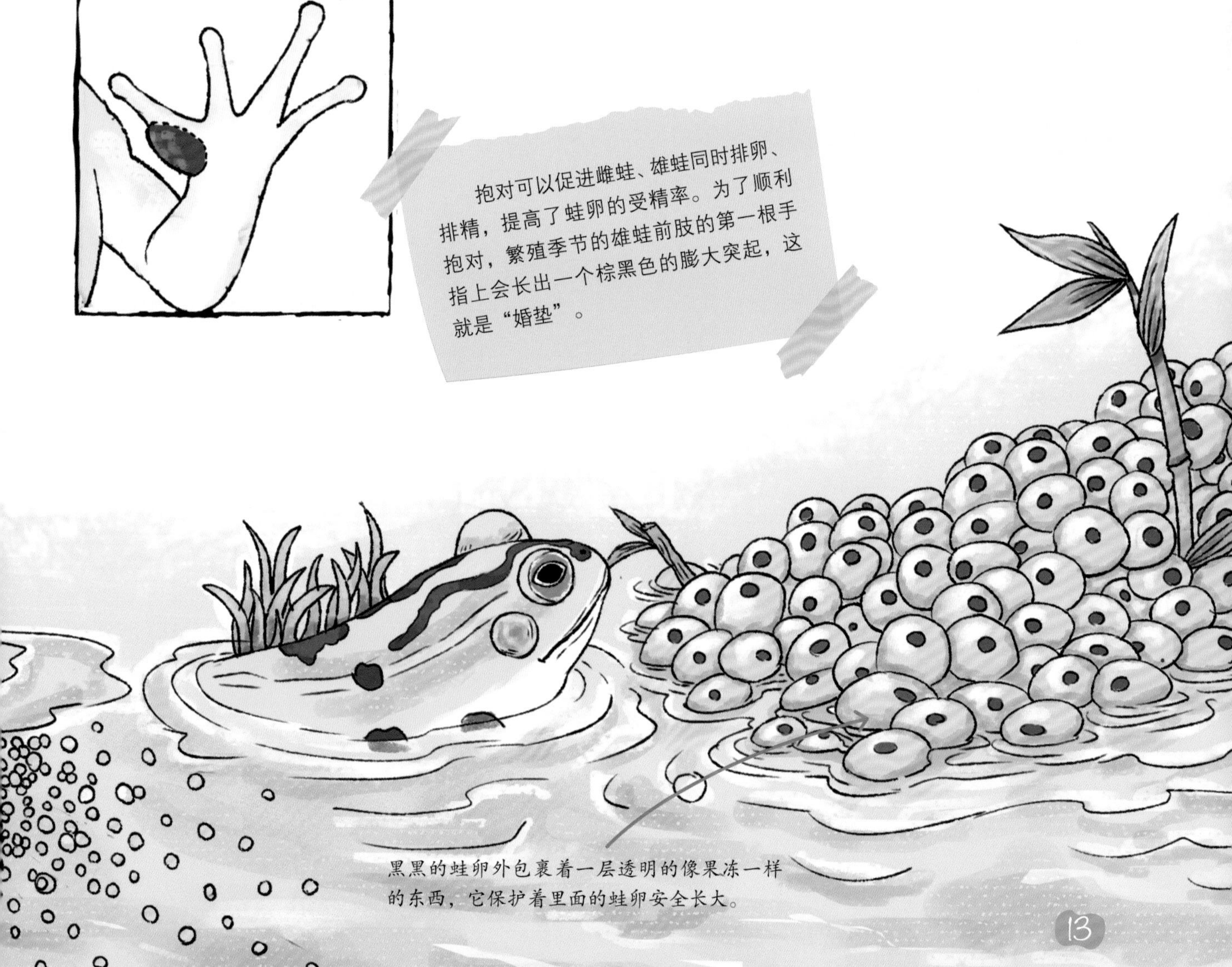

抱对可以促进雌蛙、雄蛙同时排卵、排精，提高了蛙卵的受精率。为了顺利抱对，繁殖季节的雄蛙前肢的第一根手指上会长出一个棕黑色的膨大突起，这就是“婚垫”。

黑黑的蛙卵外包裹着一层透明的像果冻一样的东西，它保护着里面的蛙卵安全长大。

它需要一个家

青蛙通常会把卵产在稻田、池塘或是水流比较缓的小溪里。黑斑蛙一次可以产下 1000~3500 颗卵，这些卵外面包裹着透明的保护膜，挨挨挤挤地，形成一大团卵块。膜中间那个小米粒大小的黑点以后会变成小蝌蚪。

在通常情况下，青蛙一次就可以产下上千颗卵。听起来很多，可惜大部分青蛙都不是称职的父母。蛙卵因为疏于照料，最后只有很少一部分会长成小青蛙。要是你愿意的话，也许可以帮助青蛙照顾它们的孩子。

像果冻一样的膜有什么作用呢?

蛙卵被包在果冻一样的膜里面，就像住进了安全的房子里。而且，当卵黏成大团时，可以避免被小动物吃掉。厚厚的保护膜可以隔开紧挨着的蛙卵，为它们提供充足的氧气。此外，保护膜还可以提高蛙卵的温度，使它们尽快变成小蝌蚪。

没必要太过紧张，照顾这些小家伙并不是一件很难的事情。先来为它们准备一个家吧。

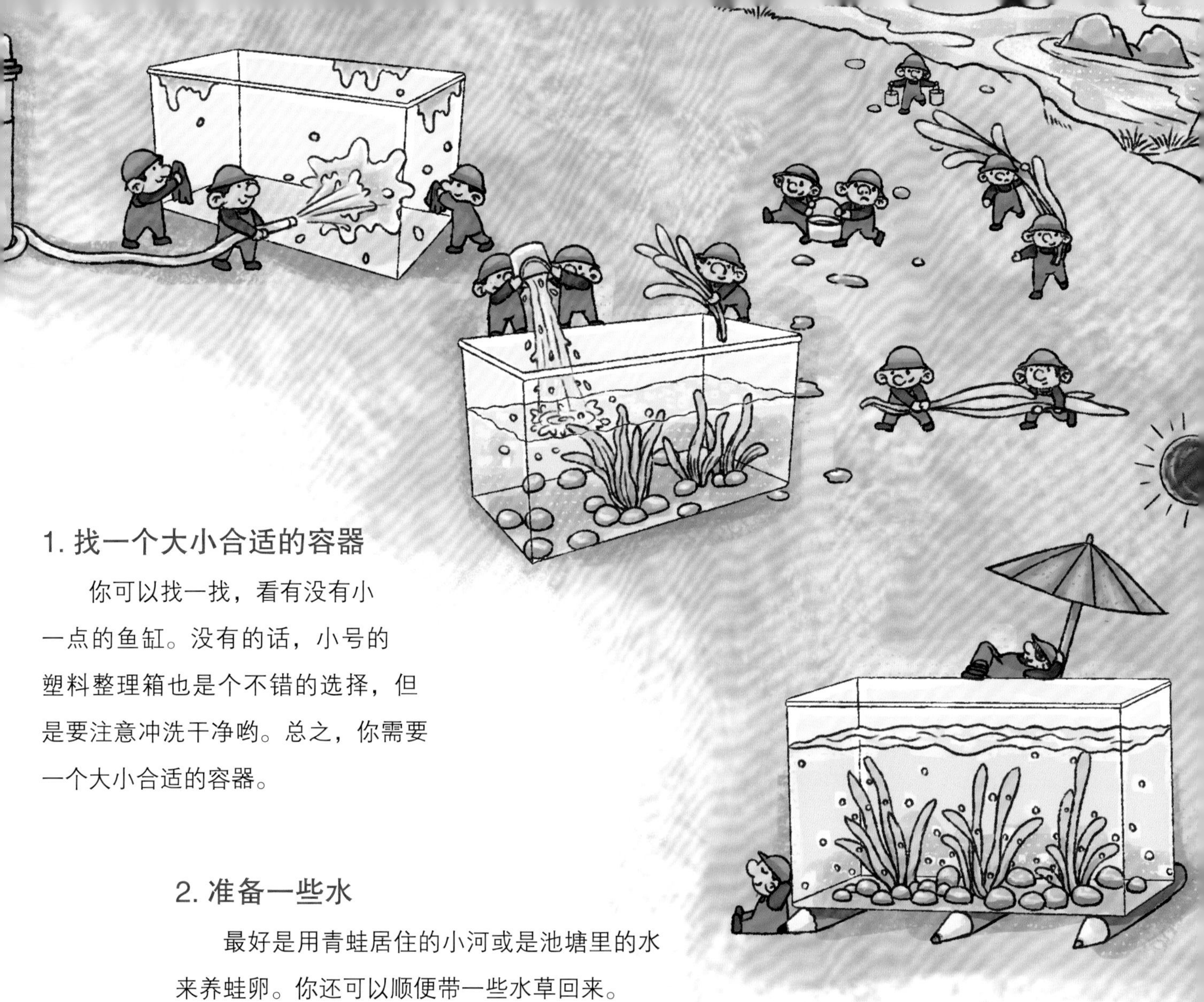

1. 找一个大小合适的容器

你可以找一找，看有没有小一点的鱼缸。没有的话，小号的塑料整理箱也是个不错的选择，但是要注意冲洗干净哟。总之，你需要一个大小合适的容器。

2. 准备一些水

最好是用青蛙居住的小河或是池塘里的水来养蛙卵。你还可以顺便带一些水草回来。

3. 把容器放在可以照到阳光的地方

这样做一方面是为了促进水草进行光合作用，保证水中有足够的氧气；另一方面则是为了保证水温不至于过低，影响青蛙卵的发育。

一切准备就绪，现在可以去接蛙卵回家了——带上工具出发吧！

走！带蛙卵回家

为蛙卵搬家的工具很简单，就是几个干净的玻璃罐和一个小捞鱼网。

为什么不能用自来水？

我们常用的自来水经过氯气消毒后，会留下少许的“余氯”。它对我们无害，却会对小蝌蚪造成伤害。将自来水放在阳光下晒，可以加快“余氯”的分解！但是，也不能晒太久，否则水中的氧气就跑掉了。

1. 用玻璃罐装一些池塘水。水不要太满，一半多一点就可以，另外再装几罐水备用。这样做可以让蛙卵更好地适应新家——它们会以为周围还是那个熟悉的小池塘呢。

2. 再拔一些水草放进水罐中。这不仅是为了美观，更重要的是，水草可以产生氧气，是小蝌蚪天然的“增氧机”。

3. 用捞鱼网轻轻捞取一小块卵块，里面有20~30粒卵。

4. 尽快把蛙卵带回家。将蛙卵小心地转移到你为它选好的“家”中，水不要太满，一般深度为 15~20 厘米。顺便将你带回的水草放进里面。

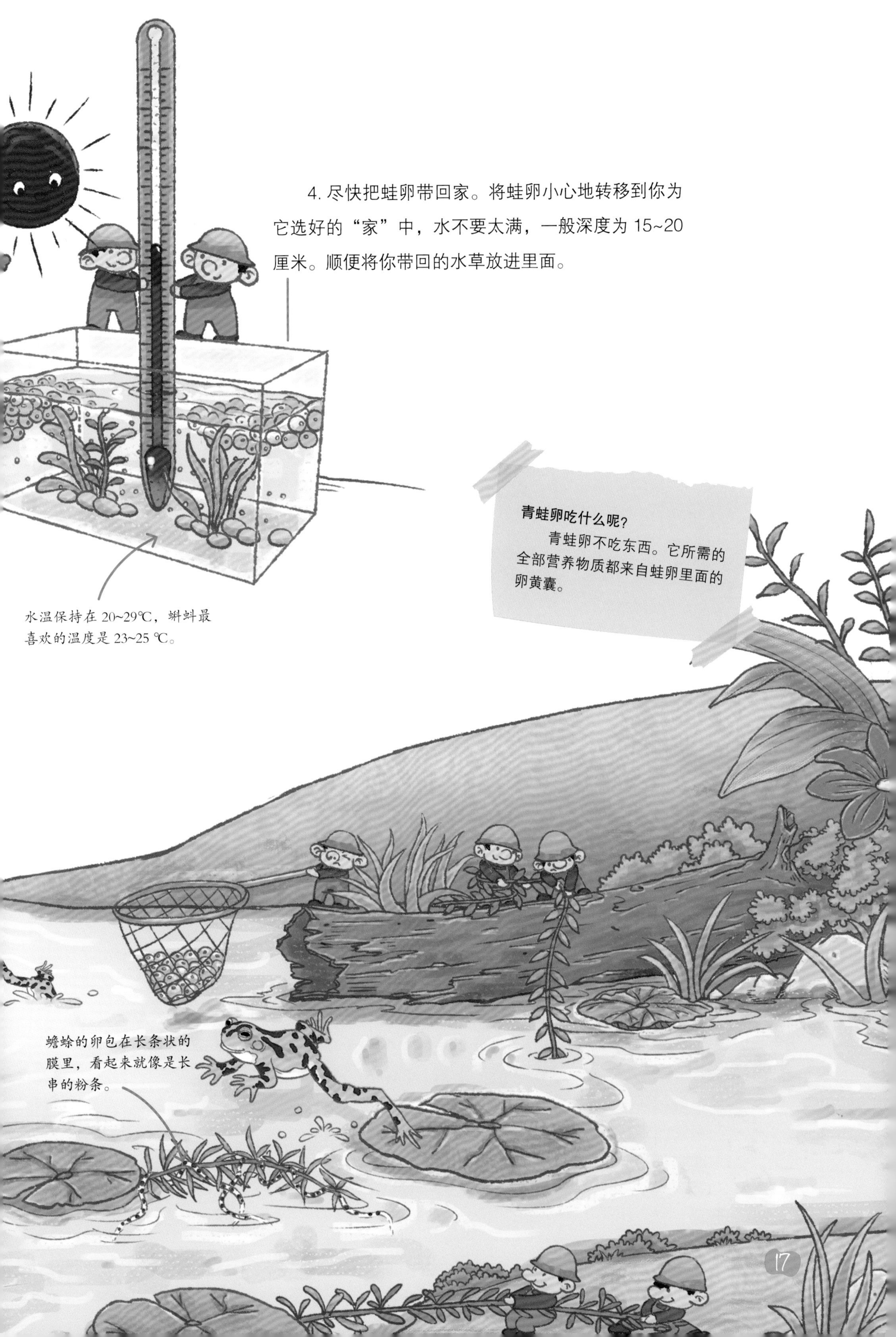

水温保持在 20~29℃，蝌蚪最喜欢的温度是 23~25 ℃。

青蛙卵吃什么呢？

青蛙卵不吃东西。它所需的全部营养物质都来自蛙卵里面的卵黄囊。

蟾蜍的卵包在长条状的膜里，看起来就像是长串的粉条。

小蝌蚪出生了

现在准备好放大镜和笔记本，一起来记录小蝌蚪的成长吧！用放大镜可以更好地观察蛙卵的变化。

4月15日

瞧，青蛙的卵正在发生变化，中间黑色的小点已经不那么圆了！

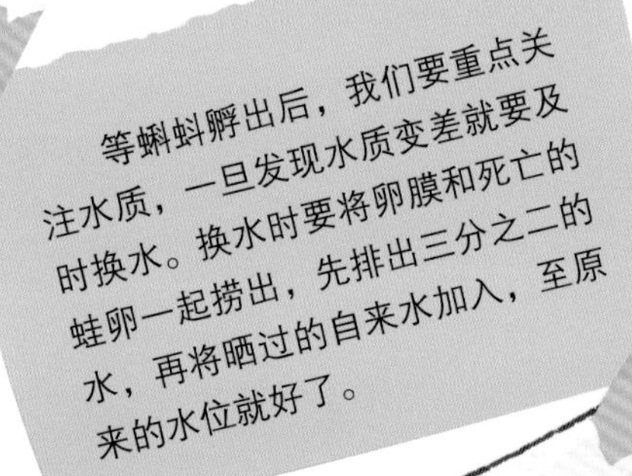

等蝌蚪孵出后，我们要重点关注水质，一旦发现水质变差就要及时换水。换水时要将卵膜和死亡的蛙卵一起捞出，先排出三分之二的水，再将晒过的自来水加入，至原来的水位就好了。

4月17日

蛙卵变成了小蝌蚪，它们扭来扭去，挣扎着想从保护膜里跑出来。刚孵出的小蝌蚪只有5毫米左右，看起来一点也不像我们平时见到的小蝌蚪，倒是有点像小海马。

小蝌蚪的外腮

4 月 19 日

现在的小蝌蚪看起来就像一条小鱼。头部两侧长出了羽毛状的外鳃，小蝌蚪就是用它来呼吸的。瞧，它们的尾巴周围还长着半透明的尾鳍。

小蝌蚪的吸盘

4 月 22 日

小蝌蚪的外腮变得更大了，头部腹面的吸盘也越来越明显。这时的小蝌蚪还没有学会游泳，只能依靠吸盘将自己吸在周围的水草上。等它们能够在水里自由游动时，吸盘就消失了。

两栖动物是由古鱼类进化而来的，它们的幼体——蝌蚪仍然保留着鱼类的一些特征：用鳃呼吸，用尾巴游泳。

4 月 24 日

小蝌蚪出生一周后，外鳃消失了，内鳃开始接替它担负起呼吸的重任。因为内鳃被鳃盖覆盖，所以我们看不到。此时的蝌蚪已经可以独立生活了，它们摇摆着长长的尾巴，在水中游来游去。

吃！吃！吃！

小蝌蚪刚孵出来的时候，还没有嘴巴，因此不能吃东西。直到第四天，小蝌蚪才长出嘴巴，开始进食。这时，可以给小蝌蚪喂一些面包屑、煮熟的菠菜叶和蛋黄，但是不要喂得太多。

小蝌蚪出生 10 天之后，食量逐渐增大，生长发育也逐渐加快。这一时期，小蝌蚪的主要任务就是吃、吃、吃！此时，它以吃素为主，还不能吃肉！

小蝌蚪出生 20 天后，消化功能不断增强，此时就可以吃肉了！除了之前的菠菜、蛋黄，现在还可以增加一些小鱼干之类的“荤菜”。

小蝌蚪有牙齿，但是太小了，必须借助显微镜放大好多倍才能看见。在蝌蚪的上下嘴唇上有一些细小的角质齿，小蝌蚪就是用它来啃食菠菜叶的！

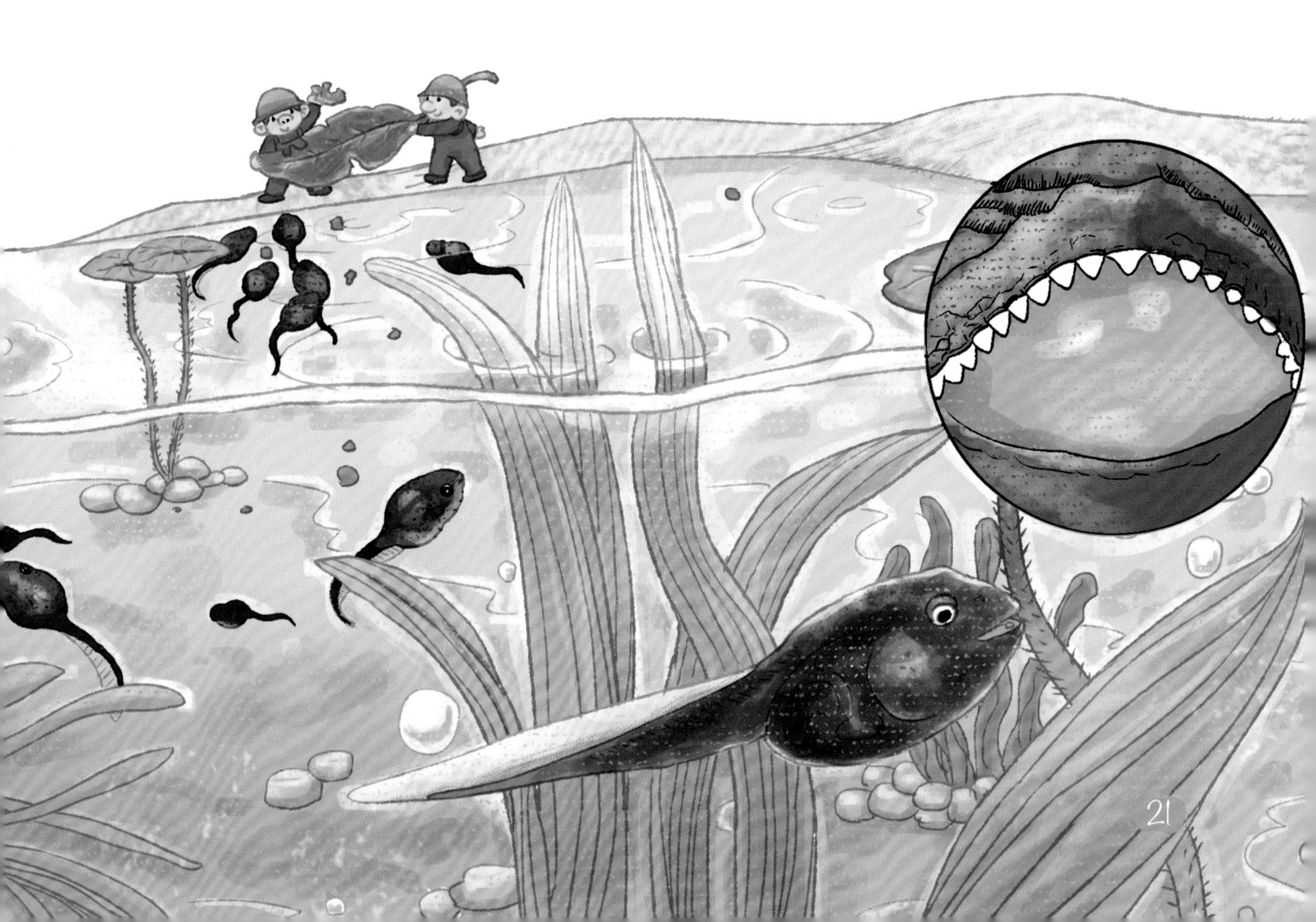

小蝌蚪的体检表

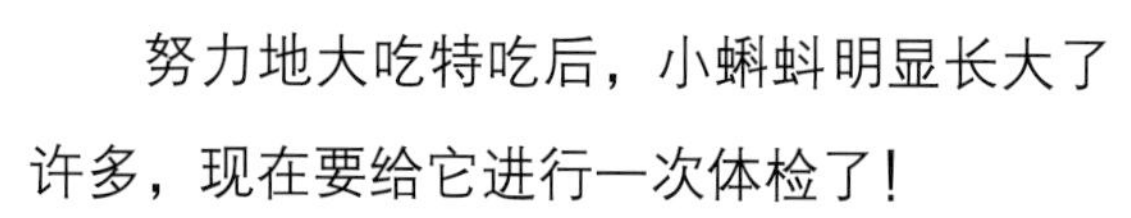

努力地大吃特吃后，小蝌蚪明显长大了许多，现在要给它进行一次体检了！

我们需要用到的工具有：捞鱼网、浅盘、尺子和放大镜。

用尺子测量它的体长和尾长，体检完记得尽快送小蝌蚪回家啊！

想一想，蝌蚪为什么会先长出后腿？

观察青蛙的游泳姿势，我们不难发现，青蛙主要是通过后腿蹬水来使自己前进。也就是说，后腿是它主要的游泳工具，而前腿的作用相对较小。为了更快地适应水中的生活，所以小蝌蚪就先让后腿长出来了。

大概一周后，小蝌蚪的后肢明显长出，并且末端分化出五趾。与此同时，小蝌蚪的嘴巴也越来越大了！

在此过程中，小蝌蚪的肠胃逐渐发生了改变，后期可以给小蝌蚪多吃一些肉食——蚯蚓末、小鱼干之类的。此后，小蝌蚪就逐渐从以吃素为主变成以吃肉为主。肉食的增加可以加快蝌蚪的变态发育。

后腿全部长出后，小蝌蚪的游泳方式与之前大不相同。起初，它通过身体和尾巴的摆动在水里游动，等到长出后腿后，就开始使用后腿划水来推动身体前进了。

小蝌蚪，大变身

蝌蚪的前肢即将长出时，身体发生了一系列变化，逐渐进入变态期。各种器官开始从适应水中生活变成适应陆地生活。在此过程中，蝌蚪的腹部收缩变瘦，体形变小，并且还会停止进食。

蝌蚪从进入变态期到变态完成需要 10 天左右。其间要注意保持安静，而且光线要暗。

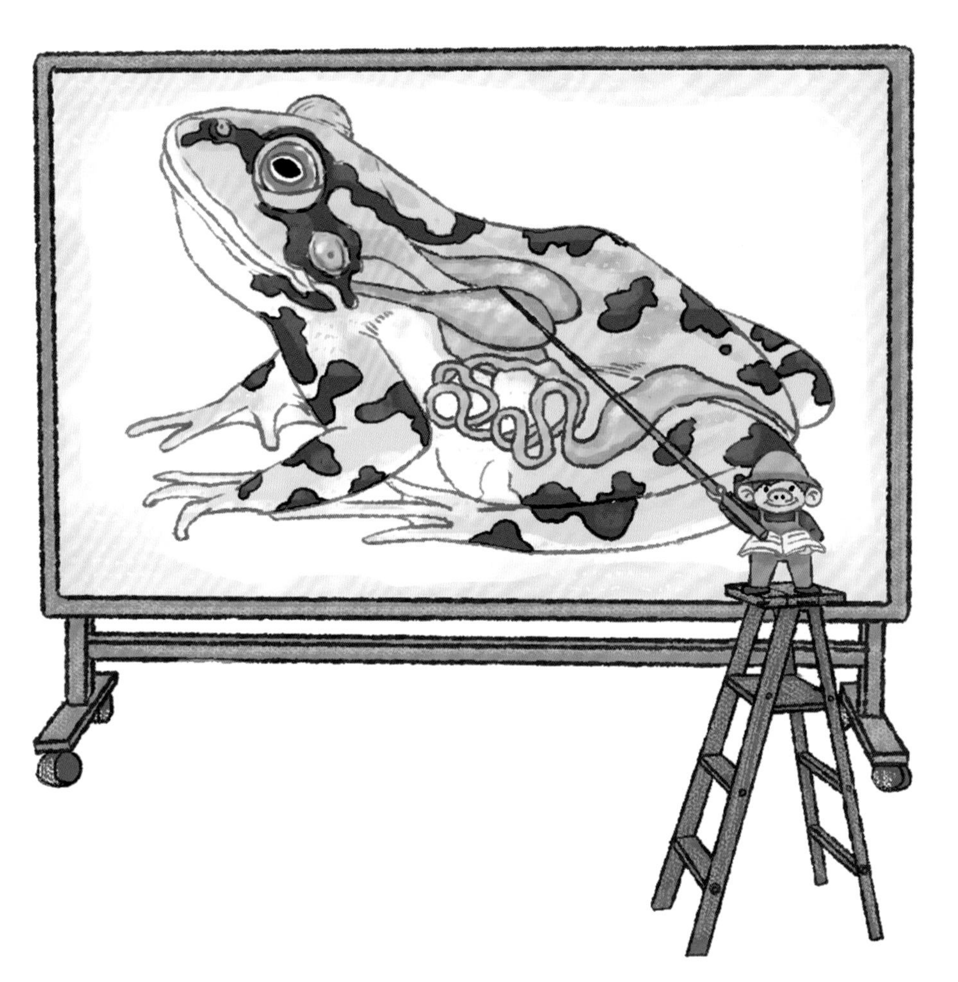

小青蛙除外形上的变化外，身体内部也悄悄地发生了变化。它的咽喉处慢慢长出了肺，这让青蛙可以在陆地上自由地呼吸。细细的肠子也慢慢缩短、变粗——这是因为小青蛙要开始吃肉了。

我家有蛙初长成

刚上岸的幼蛙，由于身体和所处环境都发生了变化，体弱瘦小，适应环境能力差。环境干燥、烈日暴晒都可能使它死亡，要注意保湿和防晒。

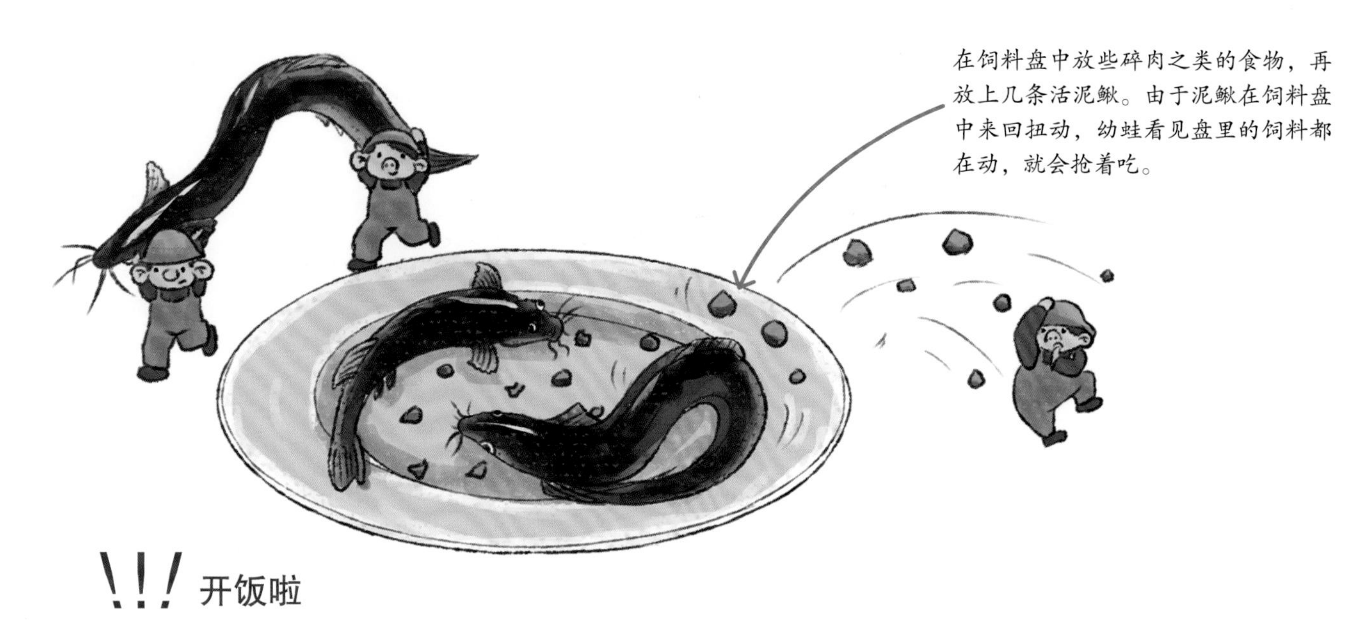

开饭啦

小青蛙是要吃肉的。这时可以给它喂活的苍蝇和蚯蚓，注意一定要是活的，因为它看不到不会动的美食。有时也可以用筷子或镊子夹一些肉丁在它面前晃一下，它会开心地吃掉。或者，还可以把肉丁和泥鳅混合喂给它吃。

换水啦

一旦发现水变浑就要及时换水，不过要注意别让水温变化太大。否则，小青蛙可能会生病。容器底部通常会有很多粪便及吃剩的食物，所以在换水时要注意将底部的沉淀物吸干净。注意哟，不可以直接用自来水，必须是在太阳下晒了一天的水。

跳啊跳

青蛙的后腿发达而有力，不过前腿较短。在陆地上，它们会缓慢地爬行或小幅度地蹦跳。而一旦危险来临，强壮的后腿就会奋力将它带离险境。

黑斑蛙的跳跃能力很强，要留心盖子哟。

我的养蛙日记

饲养一段时间后，可以把小青蛙放回河道、池塘或水田中去，让它们回归自然。

游啊游

青蛙身体细长，脚趾间有蹼，是著名的游泳高手。在水中时，半透明的瞬膜就像青蛙的泳镜一样，既可以保护眼球，又不影响视线。这样，即便是在水中，青蛙也可以看清楚东西了。

收回后腿，重复上述动作。

后腿蹬出，推动身体前行。

尽力收缩后腿。

想知道瞬膜究竟是什么样的？翻开前面第6页，答案就在图上哟！

呀！变成了小蟾蜍

两栖动物中的无尾目大多以“蛙”或“蟾蜍”来命名。一般来说，皮肤比较光滑、身体比较苗条且善于跳跃的被称为“蛙”，而皮肤比较粗糙、身体比较粗壮且不善跳跃的被称为“蟾蜍”。

姓名： 中华大蟾蜍
分类： 两栖动物
体长： 10 厘米
栖息地： 草丛、石头下或土洞中
食物： 蜗牛、蚂蚁、甲虫与蛾类等

蟾蜍的卵装在带状的透明膜里，看上去就像一串串珠子。雌蟾蜍将卵带缠绕在水草上面，防止它们被水流冲走。

相比青蛙的蝌蚪，蟾蜍的蝌蚪尾巴较短。它们喜欢聚在一起，朝着一个方向游动。

蟾蜍的蝌蚪的嘴巴长在身体的腹面，而青蛙的蝌蚪的嘴巴长在脑袋前端。

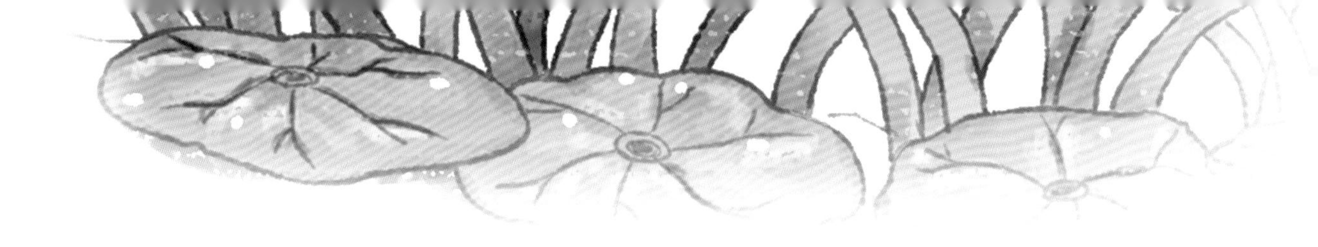

蟾蜍后肢的趾间没有蹼，也许正因如此，它才不太会游泳吧。即使在陆地上，它的行动也很缓慢。多数时候，它都是匍匐爬行，但在有危险的时候，也会进行短距离跳跃。

这是黑眶蟾蜍，眼睛周围有一圈黑线，好像戴了黑框眼镜一样！大多数雄蟾蜍没有声囊，不过在黑眶蟾蜍的咽喉处却长着一个大声囊。

丑疙瘩有大用处

蟾蜍身上那些粗糙的疙瘩是它的皮肤腺。对于多数时间生活在陆地上的蟾蜍来说，这些丑丑的疙瘩可是它的宝贝！它们会产生一种既能使皮肤保湿又能杀灭表皮细菌的“护肤品”。对皮肤裸露的蟾蜍来说，这是非常有必要的。

蟾蜍的蝌蚪也是先长出后腿再长前腿的。而同属两栖动物的蝾螈的蝌蚪却是先长出前腿。

变态发育后，小蟾蜍登陆，之后就主要在陆地上生活。白天，它常常藏在草丛里或是砖石下面，傍晚之后就出来觅食。

家里有只小蟾蜍

和青蛙不一样，蟾蜍不需要养在水里，只要每隔一两天朝饲养箱里喷一次水使空气湿润就行。在饲养箱的底部铺上落叶，蟾蜍会躲在里面。还可以用旧花盆为蟾蜍改造一个藏身之处。

蟾蜍的眼睛和青蛙一样，只对活动的东西敏感。可以捉一些活的虫子喂给蟾蜍，比如蚯蚓、蟋蟀、蝗虫等，或者也可以去宠物商店里购买黄粉虫。

蟾酥
蟾蜍的耳后腺分泌的白色浆液，经加工、干燥后会成为一种固体粉末，叫作“蟾酥”，这是一种用于解毒、镇痛的中药。
蟾蜍的跳跃能力很强，喷水后要注意盖好盖子。
蟾蜍的鼓膜后方有一对又长又大的耳后腺。当蟾蜍遇到敌害或是受到攻击时，就会从这里喷射出白色的毒液来保护自己。小朋友们千万不要随便伸手去摸呀！
和青蛙一样，蟾蜍也是吃肉的。小鱼、昆虫、蜘蛛、蠕虫和其他小动物都是蟾蜍爱吃的食物。它也用长而黏的舌头捕捉猎物。不同的是，青蛙的上颚上有牙齿，可以防止猎物逃脱，而蟾蜍却没有牙齿。

青蛙狂想曲
假装是一只羊——羊鸣蛙
羊鸣蛙的个头儿很小，只有3~4厘米，口鼻处很尖，背部还有一条浅色的线纹，因为叫声酷似小羊，所以得了这个名字。白天它躲在洞中或是石头下，到了晚上才会出来捕食蚂蚁。
蛙中“活化石”——紫蛙
这种模样怪异的青蛙只生活在西印度洋群岛上，它属于生活在恐龙时代的一个特殊蛙类的分支，堪称蛙界的活化石。紫蛙全身呈亮紫色，嘴与猪嘴十分相似。它喜欢生活在4米深的地下，只会在雨季的时候爬出地面。
吃素的青蛙——六趾蛙
虽然叫“六趾蛙”，但实际上它只有五趾。它喜欢生活在水草丰富的水域里，比如水稻田。不过，它可不是什么“稻田卫士”——它不爱吃昆虫。奇怪的是，这个小家伙喜欢吃素，植物的花和叶才是它的“菜”，占据了它80%的食物清单。在极少数的时候，它也会吃一些昆虫。
玻璃一样的青蛙——玻璃蛙
玻璃蛙是一种生活在美洲丛林的“爬树高手”，不过，最特别的还是它那半透明的身体，这让它看起来就像一块漂亮的软糖，而它肚子上的皮肤更是像玻璃一样透明，可以清晰地看到内脏。

没有肺的青蛙——布桑加巴蛙

这是一种非常稀有的青蛙，只住在寒冷、水流很快的溪水中。它的身体扁平，没有肺，光滑的皮肤承担了所有的呼吸任务。好在它生活的水流中富含氧气，而它本身作为冷血动物需要的氧气也不多。

随身携带“降落伞”——黑掌树蛙

黑掌树蛙是一种生活在树上的青蛙。严格地说，它并不会飞，但它可以在树梢间“滑翔”。这多亏了它手指和脚趾间发达的蹼。在它“滑翔”的时候，这些蹼就像小降落伞一样，让它安全着陆。一次短暂的空中旅行后，它最远可以降落到10米外的地方。

最早的蛙——三叠尾蛙

出现在2.4亿年前的三叠尾蛙是一种原始的蛙类。它和现代的蛙很像，只是它的前肢有五指，而且背后还有个短短的“小尾巴”。它没有肺，不过它可以用皮肤呼吸。

青蛙的家在哪儿

大部分蛙和蟾蜍都生活在淡水附近，还有一些喜欢生活在地下，它们是专业的挖掘者。另外一些生活在树上，它们的脚趾长着圆圆的吸盘，便于攀爬树枝。

树蛙的脚趾

树蛙的每个趾端都长着一个圆圆的肉垫，就像吸盘一样牢牢地吸在物体上。为了确保万无一失，树蛙的脚趾上还会分泌一种“胶水”，让它能够在树上自由攀爬。

树上居民——斑腿泛树蛙

斑腿泛树蛙是一种生活在树上的青蛙。它的身体细长，趾、指上都长着很大的吸盘，这让它成了爬树的高手。它不仅可以在树枝上轻巧地爬，还可以牢牢地吸在垂直的树干上。它的卵也不是产在水里，而是在树枝上的一团泡沫里。泡沫团变硬后便形成一个安全的“育儿室”。

地下居民——散疣短头蛙

这是一种生活在非洲的地下居民。它有着圆圆的球状身体和粗短的四肢。它非常耐高温和干旱，甚至有时会在沙漠中出没，主要以白蚁和蚂蚁为食。为了应对恶劣的生活环境，这种可爱的小蛙会省掉蝌蚪期，直接由卵发育成幼蛙。

名不副实的海蟾蜍

海蟾蜍是世界上最大的蟾蜍，身长可达25厘米。相比那些10厘米左右的蟾蜍，海蟾蜍可以说是蟾蜍中的“巨人”了。别看它叫“海蟾蜍”，它可是全陆生动物，只在繁殖期来到水边。不过，据说它的蝌蚪可以在海水中生存。

如果有危险……

纳马雨蛙

这种生活在非洲沙滩的小青蛙有着圆滚滚的身子和粗短的四肢。一旦受到惊扰，就会像河豚一样把自己膨胀成一个气球，企图以这副“庞大”的身躯吓跑敌人。

有些蟾蜍遇到敌人时，也会吸入空气膨胀身体，然后四肢直立，使自己看上去高大起来，从而吓跑对方！

!!! 先藏起来再说

苔藓蛙

最早在越南被发现，所以也叫“越南苔藓蛙”。它的皮肤粗糙不平，上面布满绿色、紫色、黑色的斑点和疙瘩，就像是生长在岩石上的苔藓。凭着这种与生俱来的怪异皮肤，苔藓蛙成为青蛙家族中的伪装高手。

!!! 试试吓唬它
红眼树蛙
生活在美洲的红眼树蛙，静止不动时只显露背部的绿色，行动时就会露出身体两侧醒目的橙色和蓝色，以及橘红色的脚趾。当它跳跃的时候，这些动起来的颜色就会吓跑它的敌人。
东方铃蟾
东方铃蟾是一种皮肤粗糙的小型青蛙。它的背部长着绿色和黑色的花纹，肚子上则是红色和黑色的花斑。一旦遭到攻击，东方铃蟾就会亮出鲜艳的红肚皮，吓跑敌人。
牛奶蛙
牛奶蛙是一种生活在树上的青蛙。不过不像一般的树栖青蛙生活在树冠上，它喜欢待在树干上或者树洞里。为了不让敌人发现，它给自己穿上一身棕色和白色相间的“迷彩服”。
遇到危险时，我背上的小疙瘩就会喷出像牛奶一样的毒液，然后我就趁机逃跑。
三角枯叶蛙
三角枯叶蛙因为长得像枯叶而得名。当它藏在枯叶堆里时，是很难被发现的。背部三角形的皮肤看起来就像是翘起的叶尖。它常在夜间活动，以蜗牛、蟑螂或其他大型昆虫为食。

!!! 我有毒，别靠近我

箭毒蛙鲜艳的皮肤就是在警告来犯者："我有毒，别靠近我！"这种生活在美洲热带雨林的小青蛙，通常只有 1~5 厘米。它以毒性强著称。在很早以前，当地的印第安人就用箭毒蛙的毒液涂抹箭头，制成毒箭来捕杀猎物。它的名字也由此而来。

有趣的是，有些没毒的小青蛙也会模仿有毒青蛙的颜色，这样它的天敌就不敢吃它了。

箭毒蛙的毒性主要来自它们的天然食物，主要是蜘蛛类，蜘蛛的毒性会被箭毒蛙吸收转化为自身的毒液。

大多数的蛙和蟾蜍都不算是尽职尽责的父母，孩子降生后，它们就会离开。它们有自己的理由：产下的几千颗卵中，即便大多数都无法活下来，但总有那么几个“幸运儿”吧。而另外一些呢，它们只产下几十颗甚至几颗卵。这些蛙和蟾蜍必须花费大量的精力来照顾这些卵，确保它们安全长大。

胃育蛙

达尔文蛙是在爸爸的声囊里发育，而胃育蛙则是在妈妈的胃里发育。胃育蛙妈妈会将蛙卵吞下，让它们在自己的胃里发育。这期间，胃育蛙不再吃东西，胃停止工作，变成了一个“育儿室”。它的肺还会缩小，为渐渐变大的胃让出地方。等到蛙卵长成幼蛙后，胃育蛙妈妈就会把它们吐出来。

这种生活在澳大利亚雨林中的青蛙现在已经灭绝了。

箭毒蛙

也许你想不到，这种危险的小家伙也是称职的母亲。箭毒蛙妈妈将卵产在落叶堆里后，蛙爸爸就在一旁小心看守。等到孩子们长成蝌蚪后，箭毒蛙妈妈就让它们爬到自己的背上，把它们带到一个由植物叶片围成的小“池塘”里，这里就是它们的“育儿室”。每一只蝌蚪都有一个单独的“房间”。之后，箭毒蛙妈妈会定期回来照料，直到它们长成幼蛙。

袋蛙

这只背上长着鼓包的青蛙可不是生病了，它是在生崽儿呢。它是袋蛙，一种生活在美洲热带雨林里的青蛙。雌袋蛙的背上有个育儿袋，当它产下蛙卵后，雄袋蛙就会帮忙把受精卵放进袋子里。这些蛙卵会一直待在里面直到孵化成蝌蚪。

雌性袋蛙一次只会产下6~10颗卵。

负子蟾

负子蟾生活在南美洲和非洲的热带森林里。雌蟾在产卵前，背部的皮肤会变得柔软、厚实，并长出一个个小洞——这是蟾卵日后的家。雄蟾将卵放进雌蟾背上的小洞后，雌蟾背部周围的皮肤会慢慢将卵覆盖。之后的两个月里，雌蟾走到哪儿，就会把自己的孩子背到哪儿，一起觅食，一起休息。在负子蟾妈妈的保护下，卵慢慢变成蝌蚪，最后长成小蟾，从妈妈的背上离开。

古老的青蛙崇拜

我们的祖先对青蛙非常崇拜，认为它多子多孙、长生不老，还可以呼风唤雨，简直就像神一样。一些部落还把它当作图腾，认为自己是青蛙的子孙。现在，我们看到很多出土的文物上都有蛙纹图案。

战国瓦当上的蛙纹。

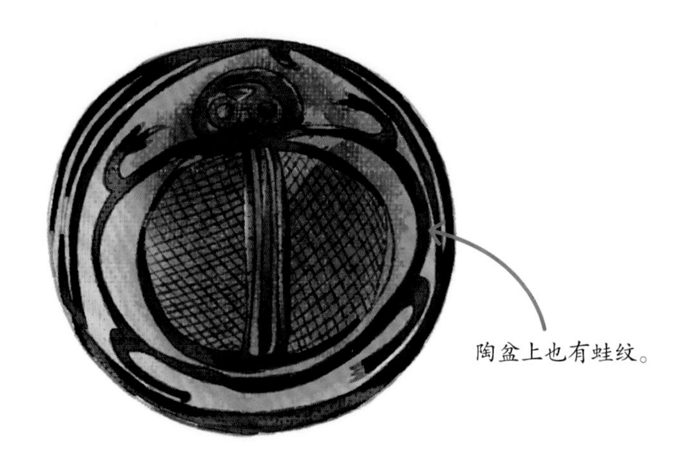

陶盆上也有蛙纹。

陶罐上的变形蛙纹，这些折线就像青蛙的腿。

古人为什么会崇拜青蛙呢?

• 希望像青蛙一样多子多孙

古人看到青蛙生下很多卵，卵又变成很多蝌蚪……非常羡慕，希望自己也可以像青蛙一样多子多孙。

月亮与蟾蜍

你一定想不到，蟾蜍在古代会是个人见人爱的吉祥物。人们相信它不仅可以带来财富，还能够消除灾祸，保佑平安。在一些传说中，蟾蜍甚至在嫦娥之前，就早早地住进了月宫。传说，月亮上住着一只三只脚的蟾蜍，它是月亮里的精灵，因此月宫也叫“蟾宫”。当然，它并不孤单，还有一只象征长寿的、不停捣药的玉兔陪着它……

这是汉代的一幅石画，画面中月轮内同时有蟾蜍和兔子。

● 希望像青蛙一样长生不老

青蛙当然不能长生不老，可是古人看到从冬眠中醒过来的青蛙，以为它是死而复生，因此希望可以像它一样永生不死。

● 向青蛙祈求风调雨顺

俗语说：“天雷动，蛙声鸣。”古人认为青蛙是“雷公”的儿子，希望可以通过青蛙向雷公祈求风调雨顺、五谷丰登。

在中国少数民族中，壮族直到今天还保留着热闹的蚂拐节，也叫“青蛙节”。人们一起唱青蛙歌、跳青蛙舞，祈求来年风调雨顺、五谷丰登。

青蛙是我们的老师

时间将我们带到了现代。蛙和蟾蜍不再是高高在上的神灵，而成了这个星球上普普通通的小动物。不过，它们依然拥有很多令我们羡慕的本领，我们依旧离不开它们。在更多的方面，它们成了我们的老师。

\!/ 电子蛙眼

我们知道青蛙的眼睛非常奇怪。它们看活动的东西非常敏锐，但对静止的东西总是视而不见。科学家通过研究青蛙的眼睛，发明了电子蛙眼，它可以敏锐、迅速地发现移动中的目标，判断它们的位置、运动方向和速度。电子蛙眼被广泛运用到机场和道路上。

机场的电子蛙眼用于监视飞机的起飞和降落，帮助机场的工作人员指挥飞机安全起飞和降落。一旦发现飞机可能发生碰撞，电子蛙眼就会立刻发出警告。

在交通要道上，电子蛙眼还会指挥车辆行驶，防止事故的发生。

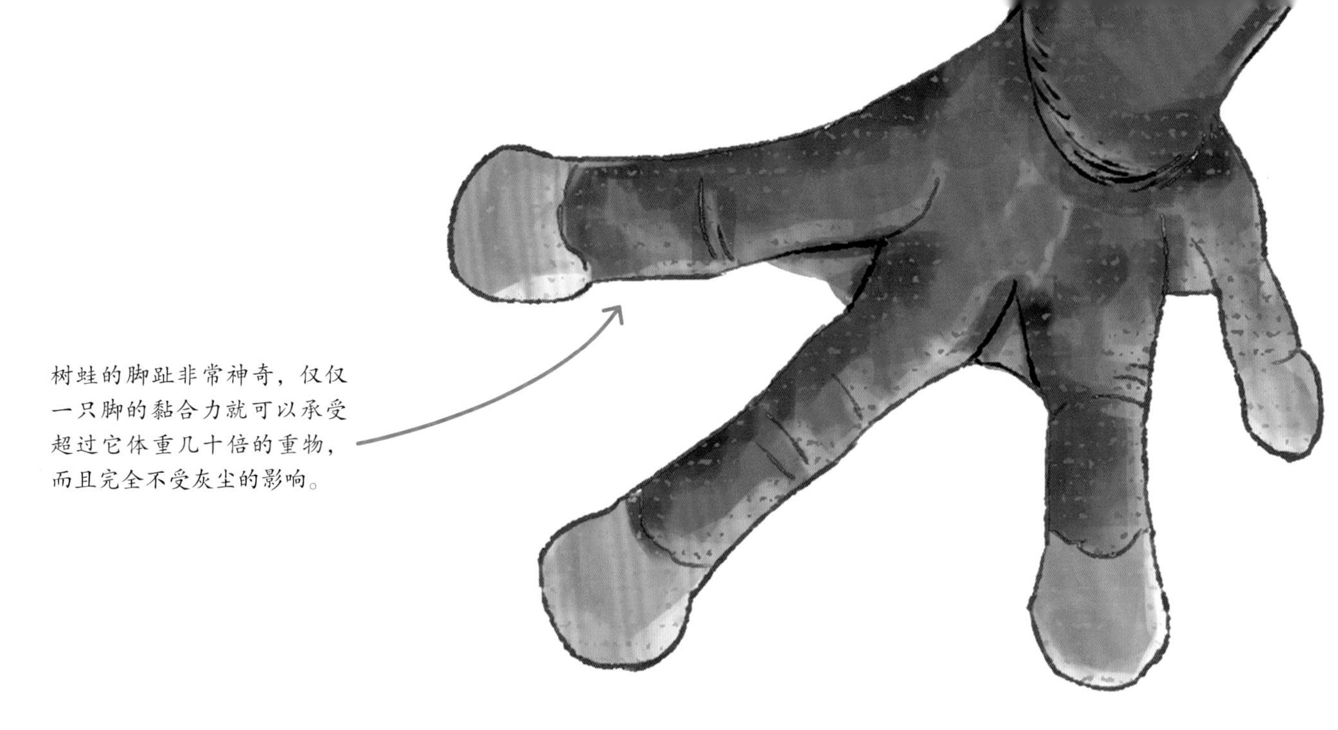

树蛙的脚趾非常神奇，仅仅一只脚的黏合力就可以承受超过它体重几十倍的重物，而且完全不受灰尘的影响。

\!/ 超级胶带

科学家通过研究树蛙的脚趾，发明了一种超级胶带，黏性是普通胶带的 30 倍。不仅如此，这种神奇的胶带还可以重复使用，并且每次从物品上撕下都非常干净，不会留下任何痕迹。

\!/ 电池的诞生

200 多年前，一位科学家在进行青蛙解剖时，无意间用两个金属工具碰了一下青蛙的大腿。他惊奇地发现青蛙腿上的肌肉颤了一下，就像通电了一样。这引起了他和后来很多科学家的兴趣，最终，科学家发明了电池。

青蛙是我们的朋友

青蛙是有名的“农田卫士”。它每天都要吃掉几十只昆虫，一年可以吃掉上万只昆虫，其中大多数都是偷吃庄稼的害虫，它的孩子蝌蚪每天也可以吃掉很多蚊子的幼虫。真是了不起的一家子！

稻田里的食物链

什么是食物链呢？简单地说，就是各种植物和动物之间的一系列吃与被吃的关系。它就像是链条一样，一环扣着一环。比如在稻田里，蝗虫吃水稻，青蛙吃蝗虫，鸟吃青蛙。这就是一个简单的食物链。

我们常见的黑斑蛙是国家“三有保护动物”（是指对生态、科学、社会有重要价值的陆生野生动物），虎纹蛙是国家二级保护动物，都不能随意捕杀。

随着人们居住环境的不断扩大，留给青蛙住的地方越来越少了。青蛙居住的池塘被填埋，变成了人们种粮食的农田、居住的房子和干活的工厂……而且，农药的大量使用，虽然杀灭了农田里的害虫，但也让青蛙跟着遭了殃。

邀请青蛙来稻田

好在已经有人想到了好办法。将青蛙“请”到稻田里去抓害虫，不仅可以减少农药的使用，青蛙的粪便还可以作为稻田的肥料，让水稻长得更好。这真是个好主意！

图书在版编目（CIP）数据

我的自然科学实践书．青蛙 / 郭翔著．-- 北京 ：海豚出版社，2020.4

ISBN 978-7-5110-4830-1

Ⅰ．①我… Ⅱ．①郭… Ⅲ．①自然科学－儿童读物②蛙科－儿童读物 Ⅳ．① N49 ② Q959.5-49

中国版本图书馆 CIP 数据核字 (2019) 第 245069 号

我的自然科学实践书·青蛙

著　　者：郭　翔

出 版 人：王　磊
出　　品：磨铁星球
责任编辑：梅秋慧　郭雨欣
责任印制：于浩杰　蔡　丽
出　　版：海豚出版社
地　　址：北京市西城区百万庄大街 24 号　　邮　　编：100037
电　　话：010-68325006（销售）010-68996147（总编室）
印　　刷：北京彩和坊印刷有限公司
经　　销：新华书店及网络书店
开　　本：787 毫米 ×1092 毫米　1/16
印　　张：3
字　　数：60 千字
版　　次：2020 年 4 月第 1 版　2020 年 4 月第 1 次印刷
标准书号：ISBN 978-7-5110-4830-1
定　　价：29.80 元